U0384399

《色达县野生动物图集》编委会

编印统筹：甘孜州色达生态环境局　四川大学生命科学学院

编委会主任：罗　林

副 主 任：易西泽仁

编　　著：杨创民

副 主 编：窦　亮　王　磊

编　　委：(按姓氏拼音为序)

苟民钟　何晓兰　李　斌　李世美　洛绒次称
鲁　程　桑巴绒波顿珠　帅　军　陶　敏
王东磊　王明祥　付志玺

色达县野生动物图集

甘孜州色达生态环境局
四川大学生命科学学院 组织编写

杨创民 编著

四川大學出版社
SICHUAN UNIVERSITY PRESS

CONTENTS

第一部分　国家重点保护野生动物

第二部分 其他野生动物

兽类

鸟类

昆虫

鱼类

浮游动物

第一部分
国家重点保护野生动物

荒漠猫 *Felis bieti* 国家一级保护野生动物

马麝 *Moschus chrysogaster* 国家一级保护野生动物

猕猴 *Macaca mulatta* 国家二级保护野生动物

西藏马鹿 *Cervus wallichii* 国家二级保护野生动物

兽类

中华鬣羚 *Capricornis milneedwardsii* 国家二级保护野生动物

毛冠鹿 *Elaphodus cephalophus* 国家二级保护野生动物

中华斑羚 *Naemorhedus griseus* 国家二级保护野生动物

岩羊 *Pseudois nayaur* 国家二级保护野生动物

水鹿 *Cervus equinus*　国家二级保护野生动物

藏原羚 *Procapra picticaudata* 国家二级保护野生动物

猞猁 *Lynx lynx* 国家二级保护野生动物

豹猫 *Prionailurus bengalensis*　国家二级保护野生动物

黄喉貂 *Martes flavigula* 国家二级保护野生动物

赤狐 *Vulpes vulpes* 国家二级保护野生动物

兽类

狼 *Canis lupus* 国家二级保护野生动物

黑颈鹤 *Grus nigricollis* 国家一级保护野生动物

草原雕 *Aquila nipalensis*　国家一级保护野生动物

胡兀鹫 *Gypaetus barbatus*　国家一级保护野生动物

白马鸡 *Crossoptilon crossoptilon* 国家二级保护野生动物

血雉 *Ithaginis cruentus* 国家二级保护野生动物

花脸鸭 *Sibirionetta formosa*　国家二级保护野生动物

大鵟 *Buteo hemilasius*　国家二级保护野生动物

喜山鵟 *Buteo refectus* 国家二级保护野生动物

黑鸢 *Milvus migrans*　国家二级保护野生动物

红隼 *Falco tinnunculus*　国家二级保护野生动物

橙翅噪鹛 *Trochalopteron elliotii* 国家二级保护野生动物

大噪鹛 *Garrulax maximus*　国家二级保护野生动物

君主娟蝶 *Parnassius imperator* 国家二级保护野生动物

厚唇裸重唇鱼 *Gymnodiptychus pachycheilus* 国家二级保护野生动物

昆虫

鱼类

第二部分

其他野生动物

狍 *Capreolus pygargus*

黄鼬 *Mustela sibirica*

高原兔 *Lepus oiostolus*

喜马拉雅旱獭 *Marmota himalayana*

亚洲狗獾 *Meles leucurus*

普通秋沙鸭 *Mergus merganser*

绿翅鸭 *Anas crecca*

赤麻鸭 *Tadorna ferruginea*

山斑鸠 *Streptopelia orientalis*

岩鸽 *Columba rupestris*

凤头麦鸡 *Vanellus vanellus*

红脚鹬 *Tringa totanus*

青脚滨鹬 *Calidris temminckii*

戴胜 *Upupa epops*

大斑啄木鸟 *Dendrocopos major*

棕腹啄木鸟 *Dendrocopos hyperythrus*

灰背伯劳 *Lanius tephronotus*

鸟类

大嘴乌鸦 *Corvus macrorhynchos*

小嘴乌鸦 *Dendrocopos major*

红嘴山鸦 *Pyrrhocorax pyrrhocorax*

达乌里寒鸦 *Corvus dauuricus*

地山雀 *Pseudopodoces humilis*

四川褐头山雀 *Poecile weigoldicus*

长嘴百灵 *Melanocorypha maxima*

角百灵 *Eremophila alpestris*

小云雀 *Alauda gulgula*

黄腹柳莺 *Phylloscopus affinis*

橙斑翅柳莺 *Phylloscopus pulcher*

四川柳莺 *Phylloscopus forresti*

西南冠纹柳莺 *Phylloscopus reguloides*

棕眉柳莺 *Phylloscopus armandii*

凤头雀莺 *Leptopoecile elegans*

河乌 *Cinclus cinclus*

棕背黑头鸫 *Turdus kessleri*

鸟类

灰头鸫 *Turdus rubrocanus*

白须黑胸歌鸲 *Calliope tschebaiewi*

黑喉红尾鸲 *Phoenicurus hodgsoni*

白喉红尾鸲 *Phoenicurus schisticeps*

蓝额红尾鸲 *Phoenicurus frontalis*

白顶溪鸲 *Phoenicurus leucocephalus*

黑喉石䳭 *Saxicola maurus*

锈胸蓝姬鹟 *Ficedula erithacus*

蓝眉林鸲 *Tarsiger rufilatus*

鸲岩鹨 *Prunella rubeculoides*

麻雀 *Passer montanus*

棕颈雪雀 *Passer montanus*

白腰雪雀 *Onychostruthus taczanowskii*

白鹡鸰 *Motacilla alba*

粉红胸鹨 *Anthus roseatus*

斑翅朱雀 *Carpodacus trifasciatus*

黄嘴朱顶雀 *Linaria flavirostris*

林岭雀 *Leucosticte nemoricola*

金翅雀 *Chloris sinica*

曙红朱雀 *Carpodacus waltoni*

白头鹀 *Emberiza leucocephalos*

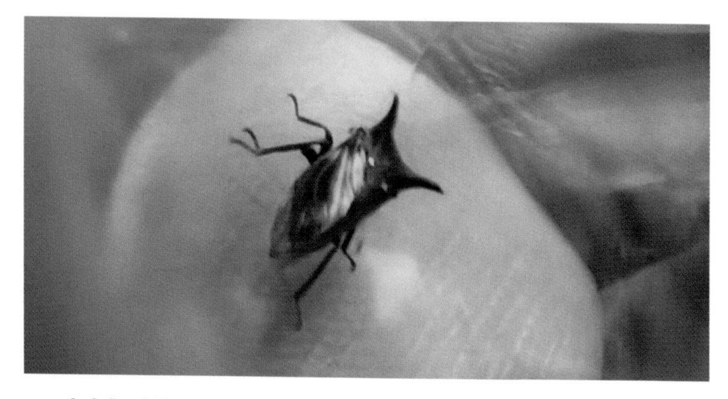

三刺角蝉 *Tricentrus* sp.

鳃金龟 *Melolonthidae* sp.

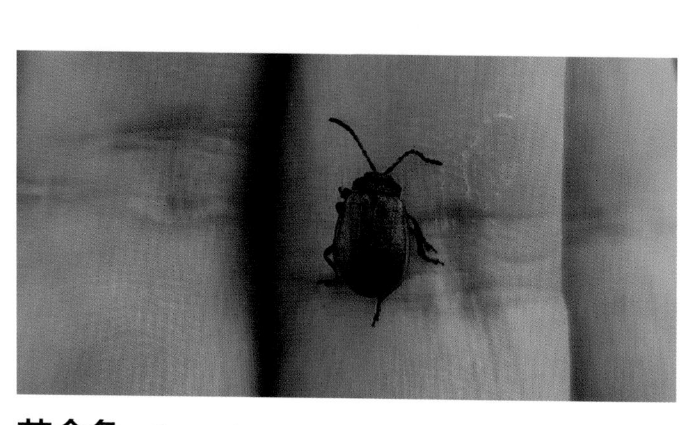

花金龟 *Cetoniidae* sp.

蜣螂 *Geotrupidae* sp.

尼负葬甲 *Nicrophorus nepalensis*

网蜻 *Perlodidae* sp.

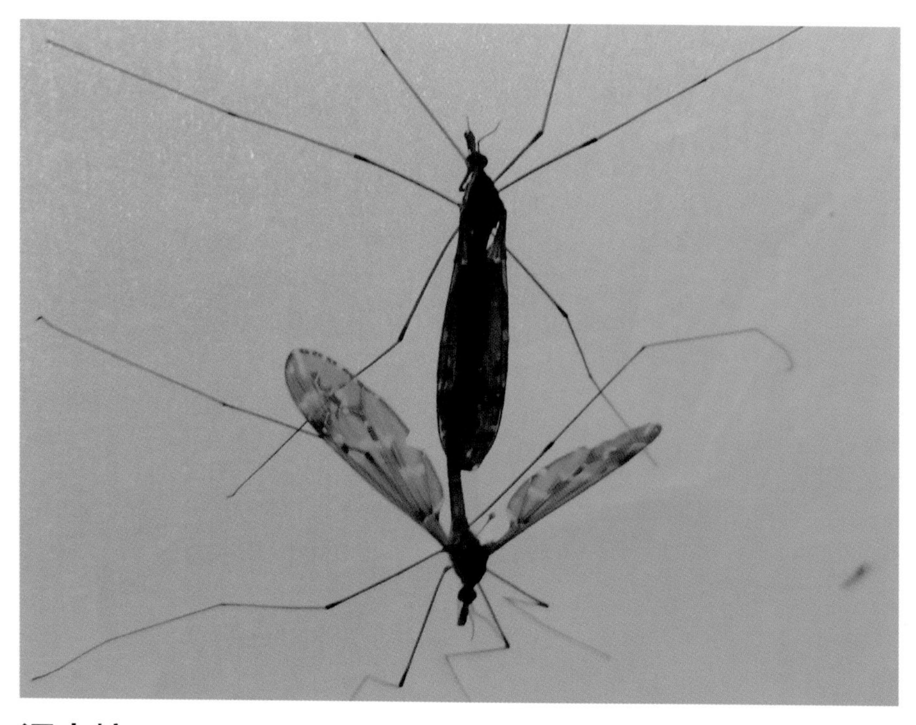

沼大蚊 *Helius* sp.

橙翅毛黑大蚊 *Hexatoma* sp.

亮斑扁角水虻 *Hermetia illucens*

食虫虻 *Asilidae* sp.

中华斑虻 *Chrysops sinensis*

蝇 *Muscidae* sp.

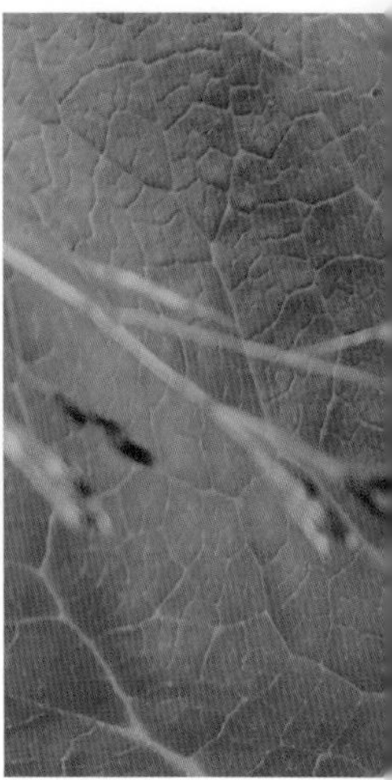

丝光绿蝇 *Lucilia sericata*

马蝇 *Gasterophilus intestinalis*

斑翅蚜蝇 *Dideopsis aegrota*

若尔盖草原毛虫 *Gynaephora ruoergensis*

柄脉脊翅野螟 *Paranacoleia lophophoralis*

绿翅绢野螟 *Diaphania angustalis*

袋衣蛾 *Tinea pellionella*

白斑黄毒蛾 *Euproctis khasi*

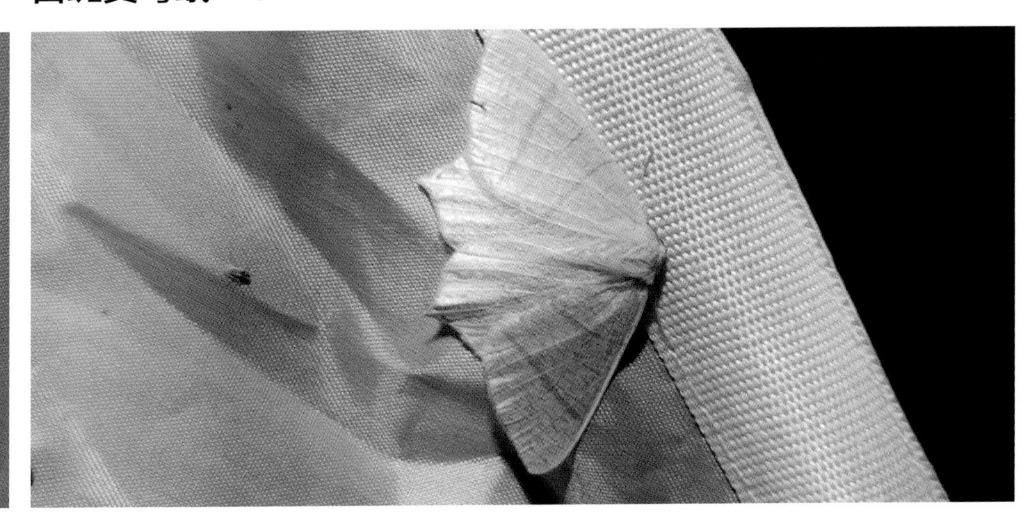

雪尾尺蛾 *Ourapteryx nivea*

昆虫

云纹绿尺蛾 *Comibaena pictipennis*

夜蛾 *Noctuidae* sp.

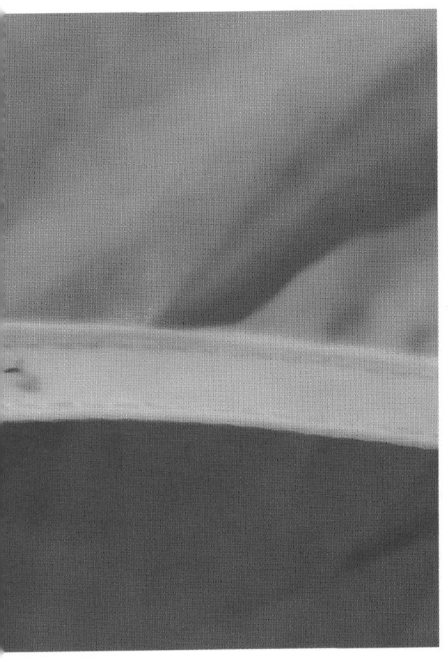

昆虫

西藏麻蛱蝶 *Nymphalis ladakensis*

阿尔网蛱蝶 *Melitaea arcesia*

亚伯熊蜂 *Bombus sibiricus*

饰带熊蜂 *Bombus lemniscatus*

小雅熊蜂 *Bombus lepidus*

凸污熊蜂 *Bombus convexus*

高原鳅

软刺裸裂尻鱼 *Schizopygopsis malacanthus*

大度软刺裸裂尻鱼 *Schizopygopsis malacanthus chengi*

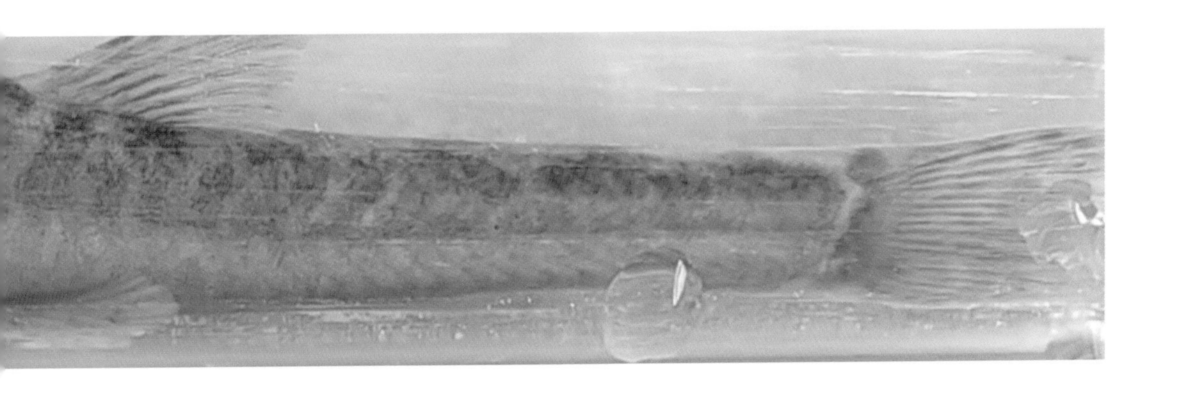

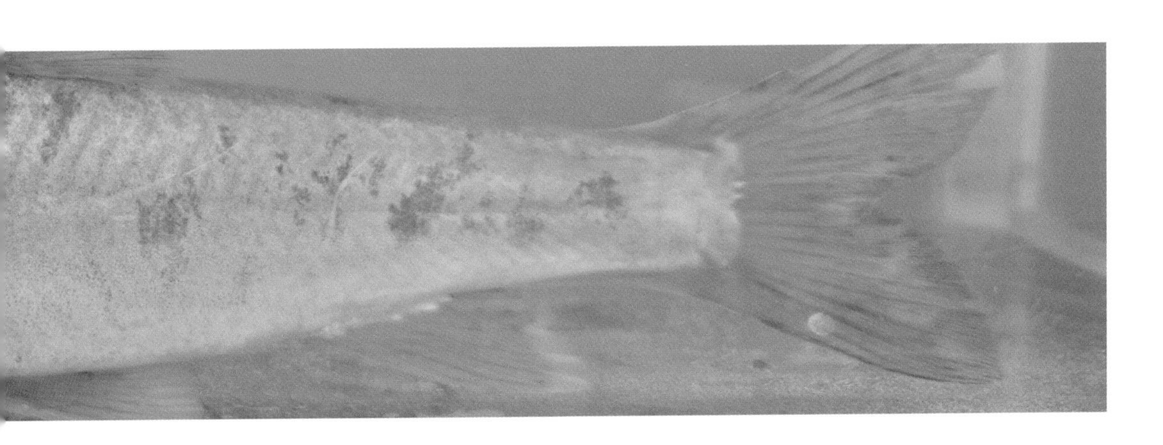

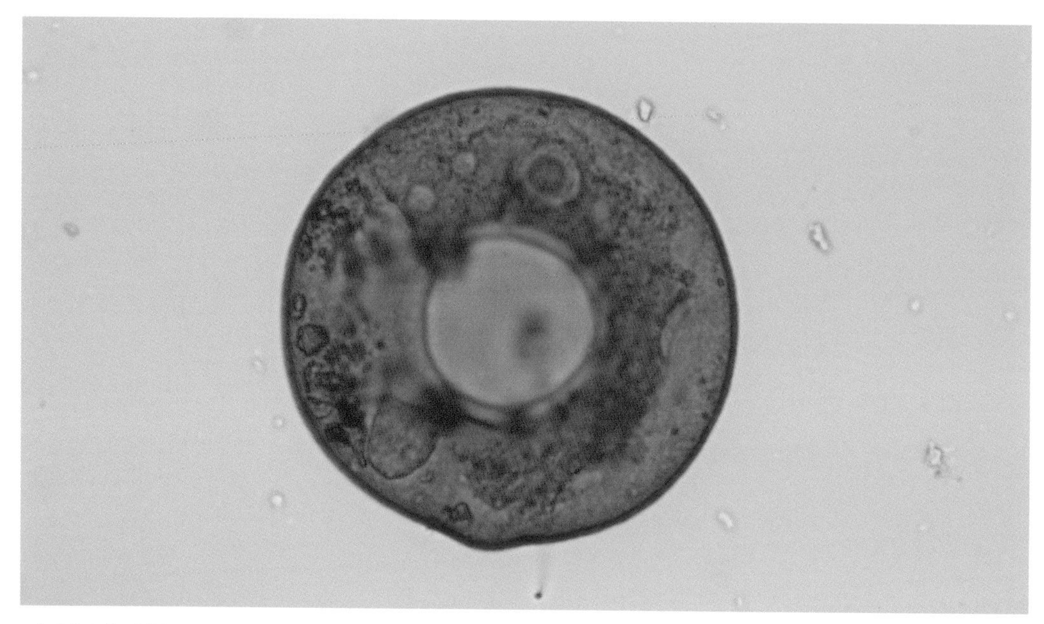

表壳虫属 *Arcella* sp.

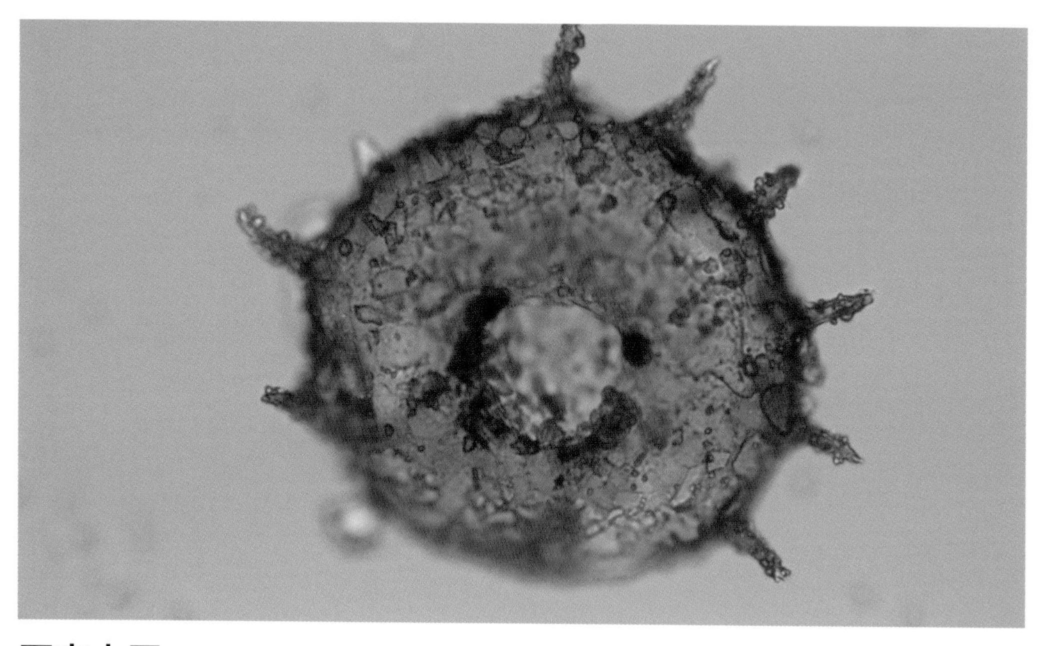

匣壳虫属 *Centropyxis* sp.

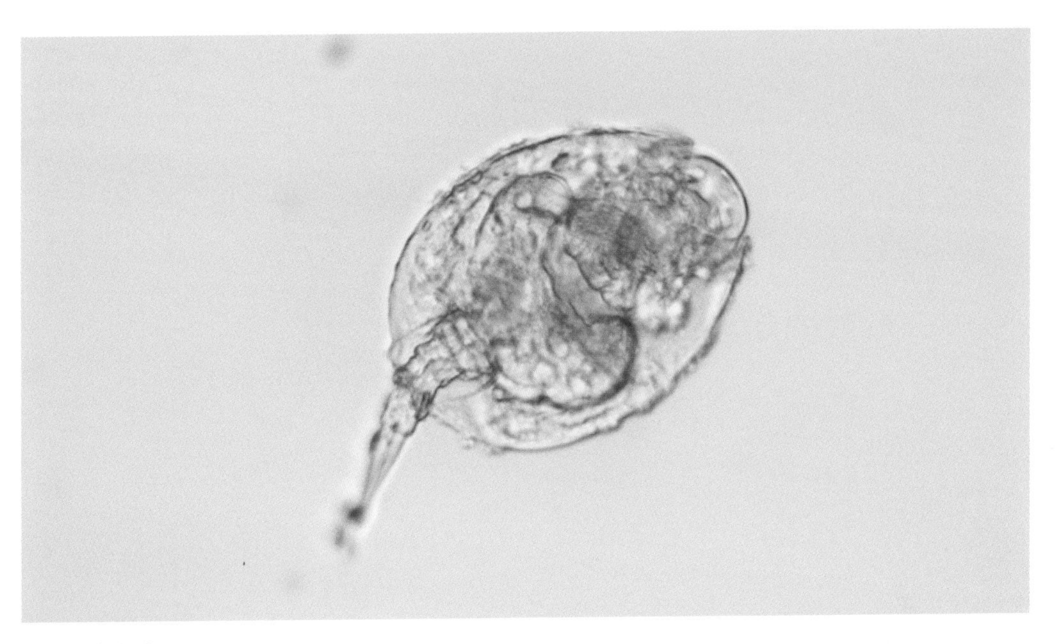

鞍甲轮虫属 *Lepadella* sp.

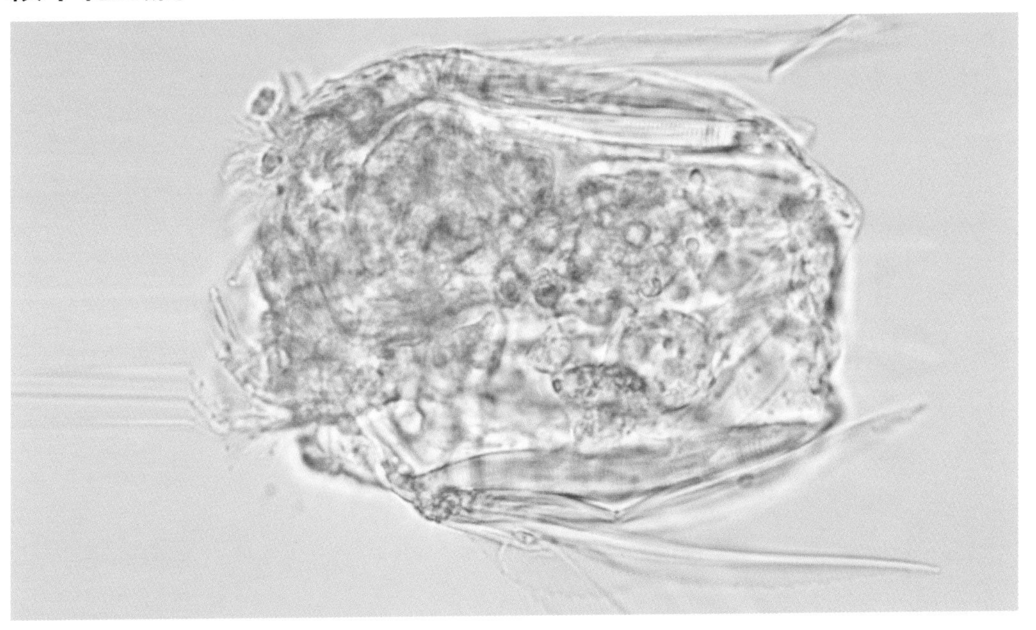

针簇多肢轮虫 *Polyarthra trigla*

浮游动物

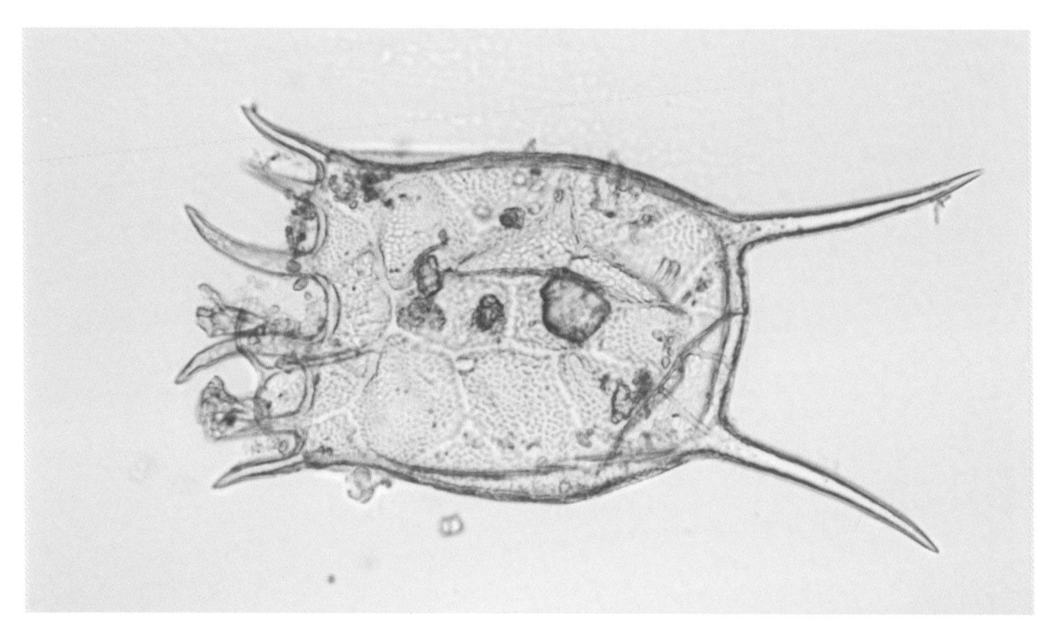

矩形龟甲轮虫 *Keratella quadrata*

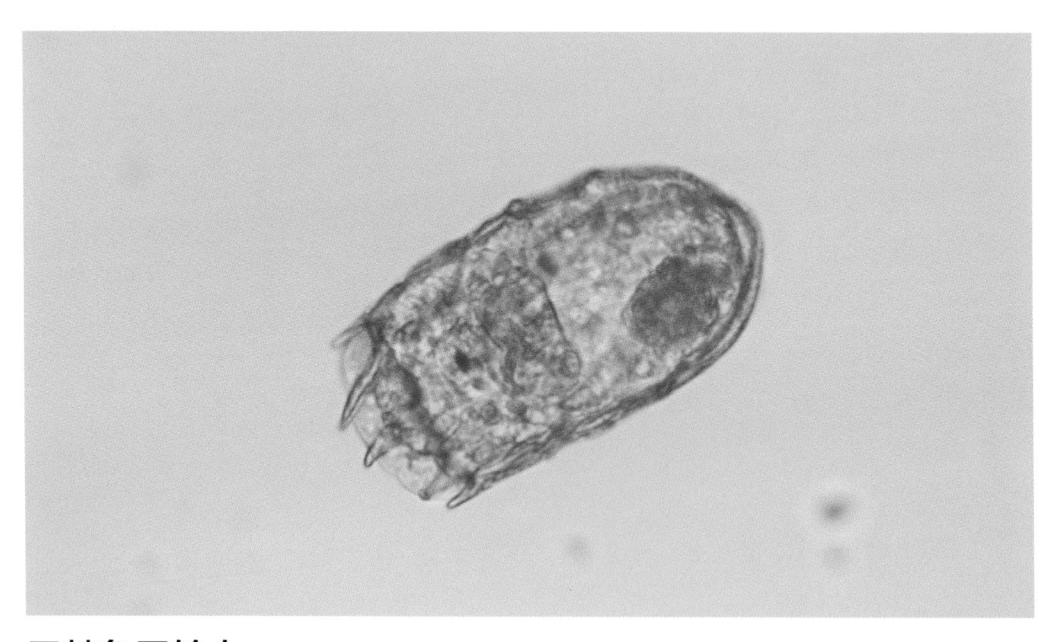

无棘龟甲轮虫 *Keratella tecta*

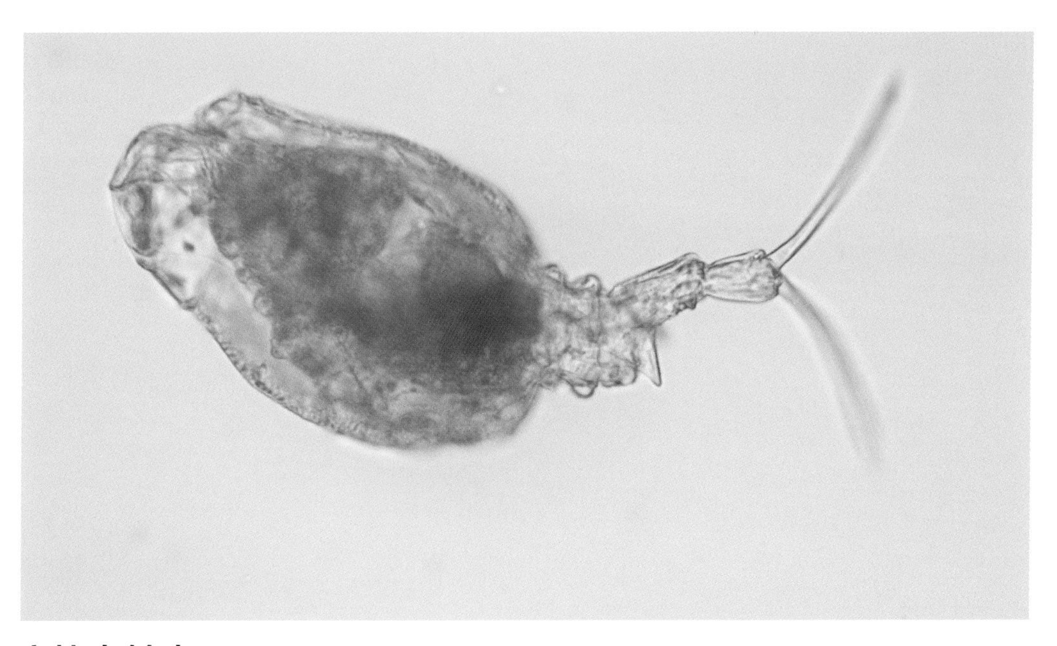

方块鬼轮虫 *Trichotria tetractis*

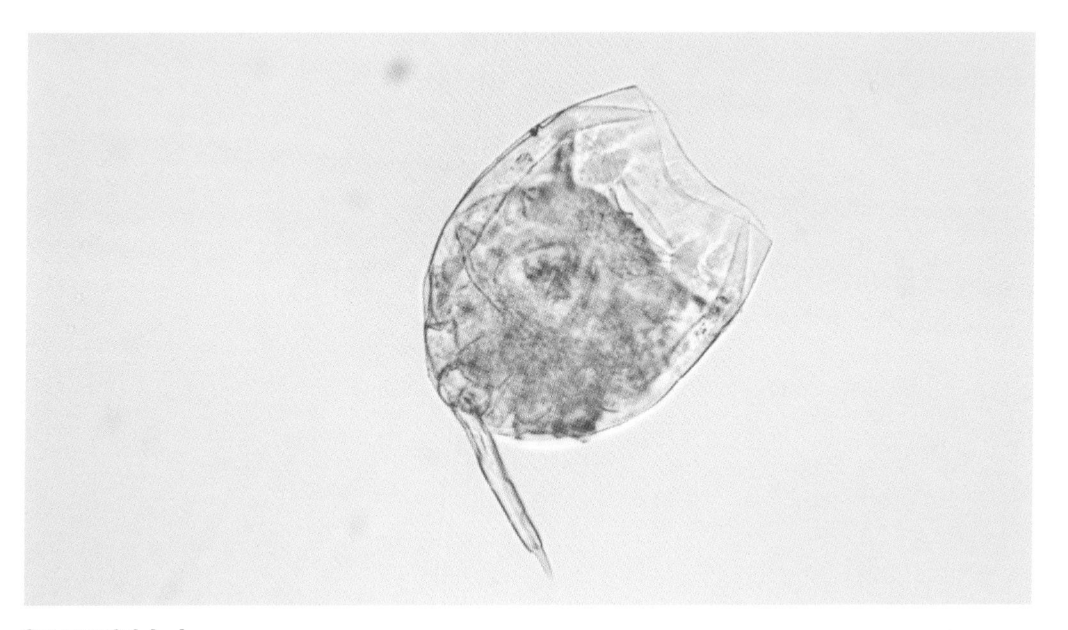

新月腔轮虫 *Lecane lunaris*

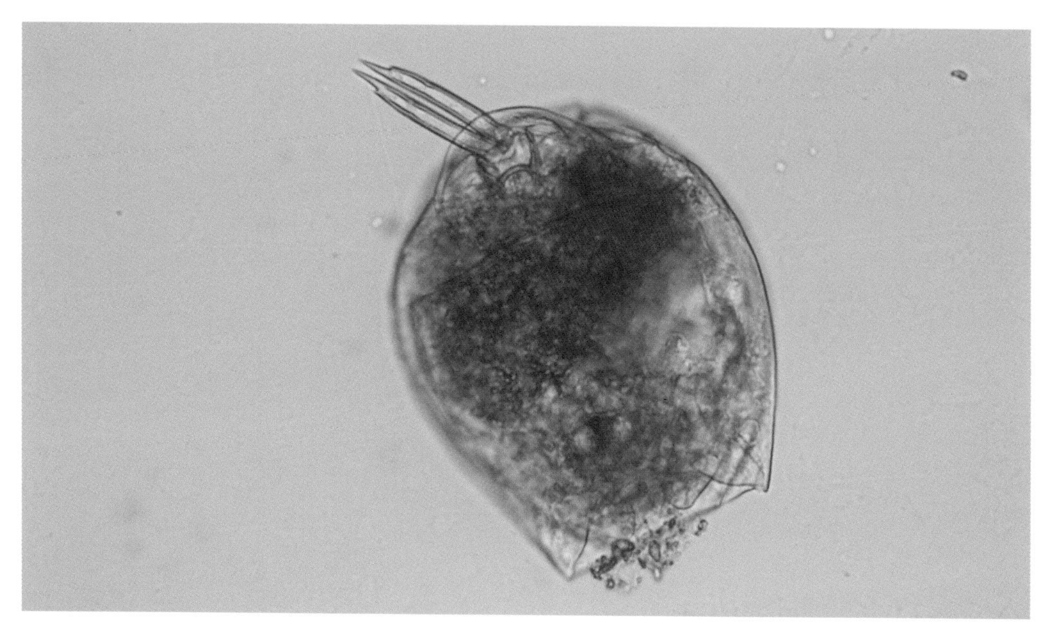

月形腔轮虫 *Lecane luna*

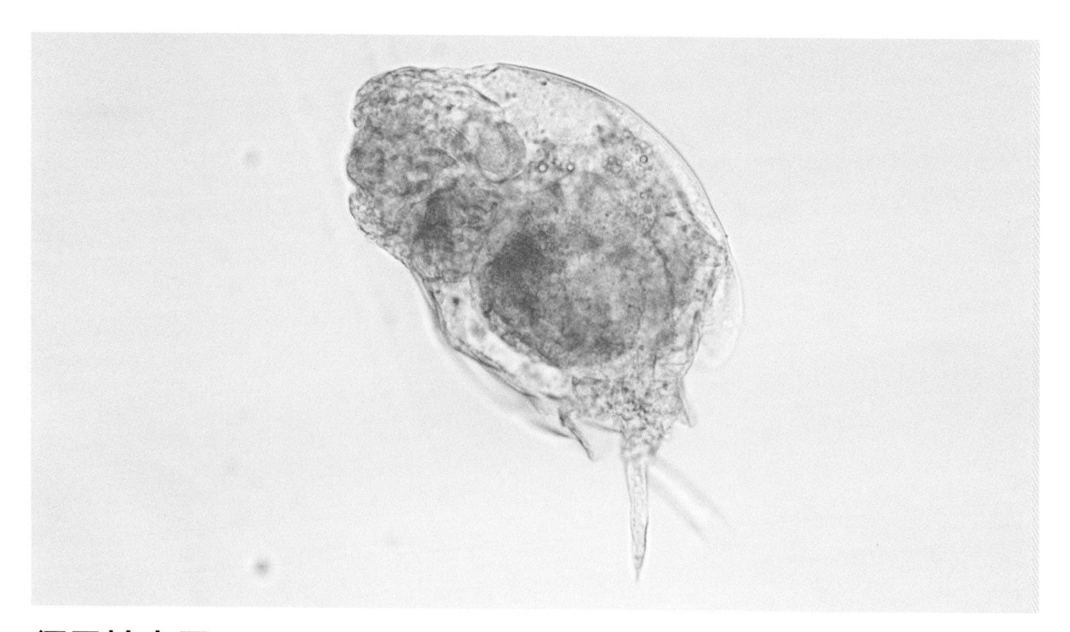

须足轮虫属 *Euchlanis* sp.

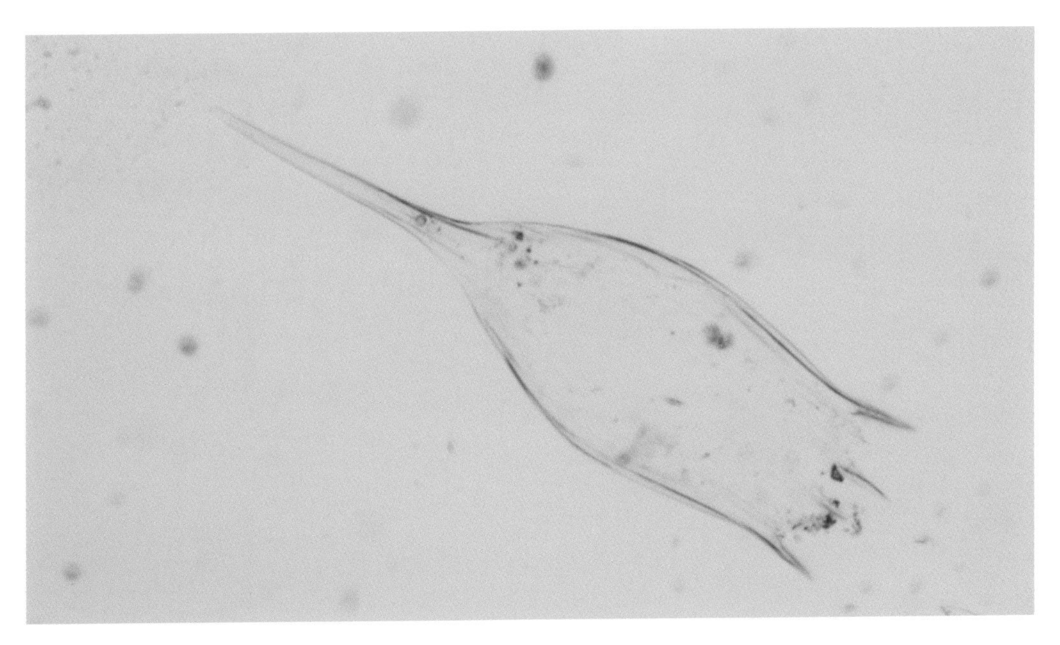

浮尖削叶轮虫 *Notholca acuminata* var. *limnetica*

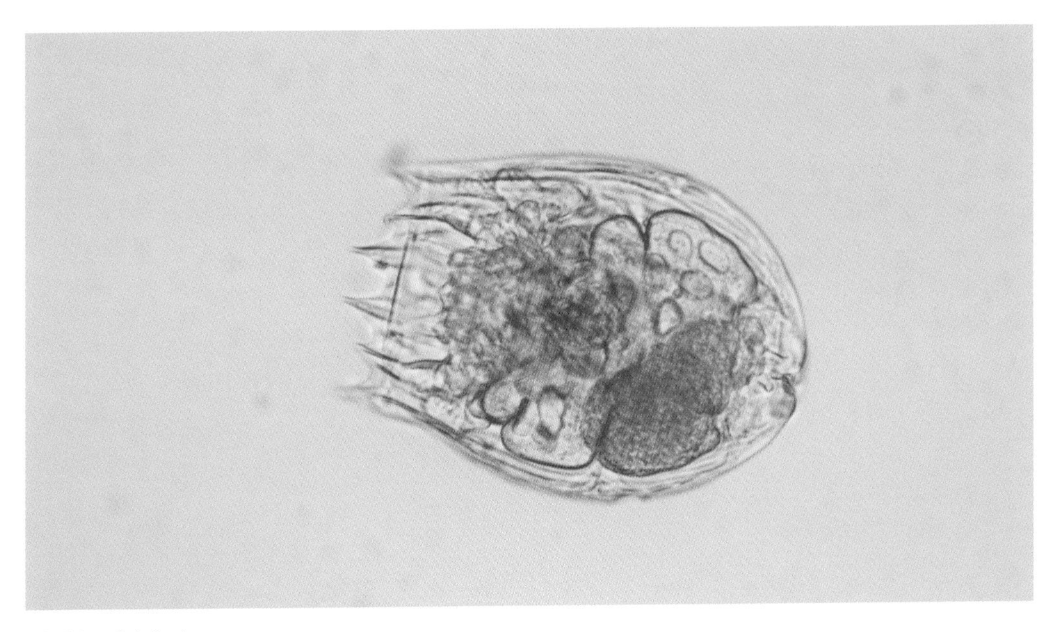

鳞状叶轮虫 *Notholca squamula*

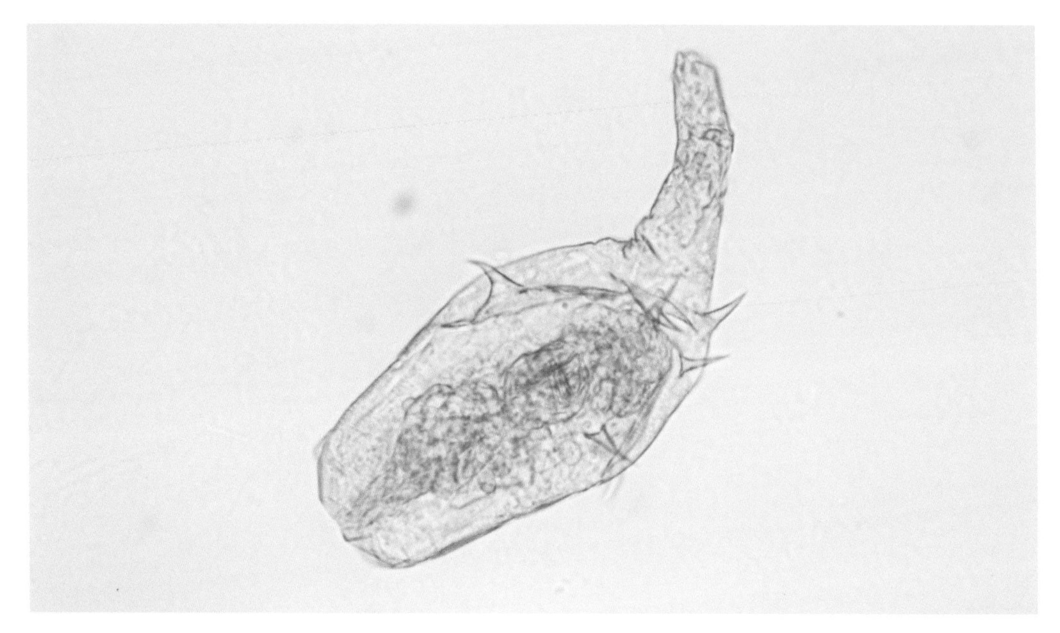

尖刺间盘轮虫 *Dissotrocha aculeata*

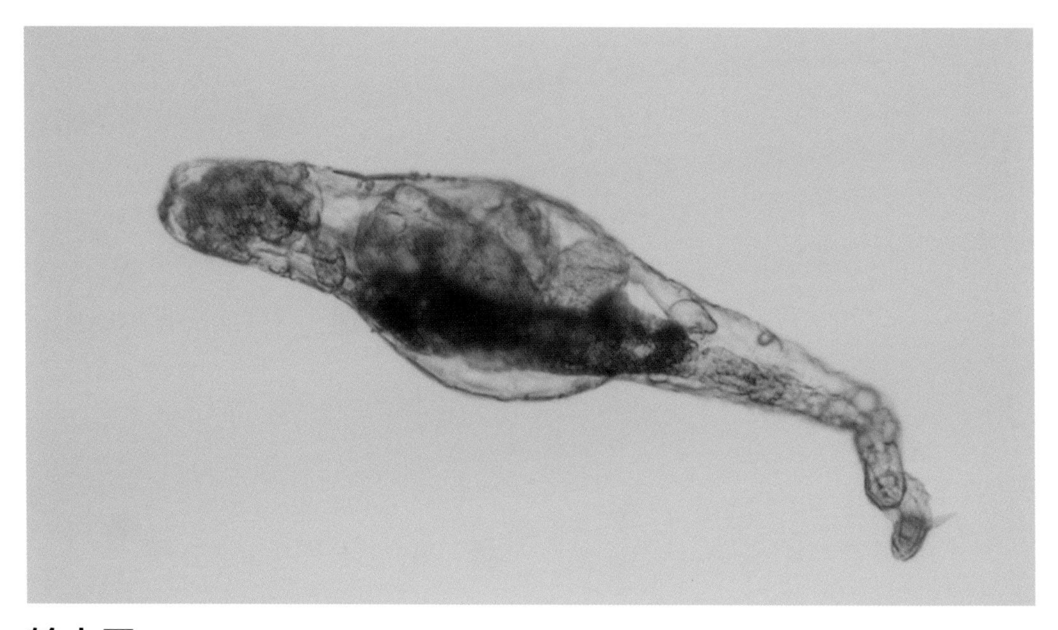

轮虫属 *Rotaria* sp.

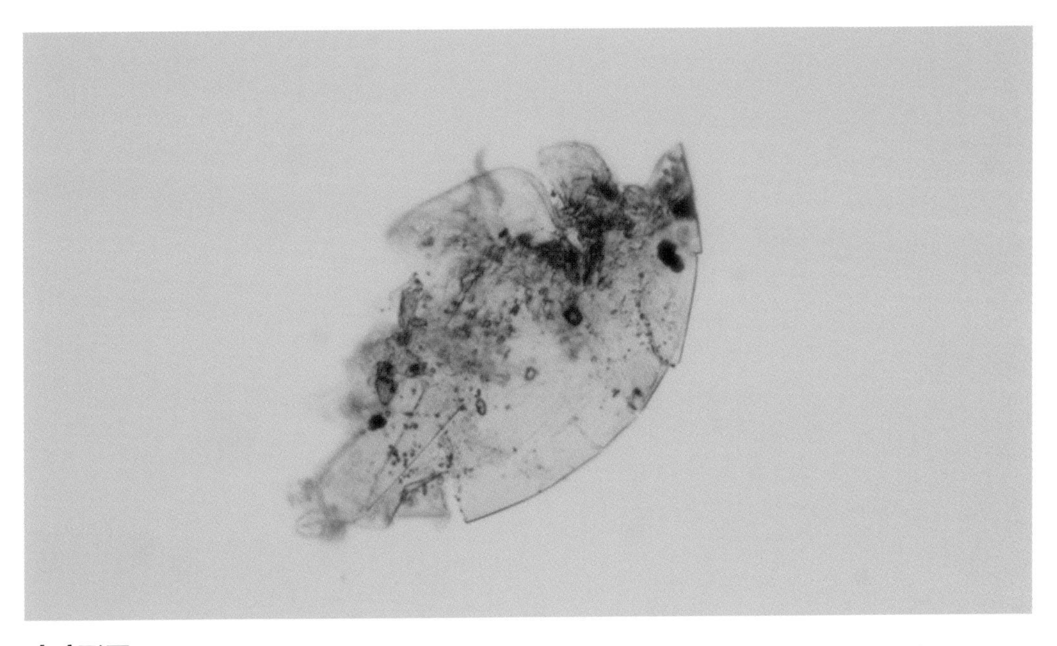

尖额溞（残体） *Alona* sp.

猛水蚤目 *Harpacticidae*

索引

Y

Z

附录

在本次色达县生物多样性调查工作中，团队还采集到部分藻类样本，在此一并展示在本书中，以便读者更加全面地了解色达县独特的生态环境和生物多样性。

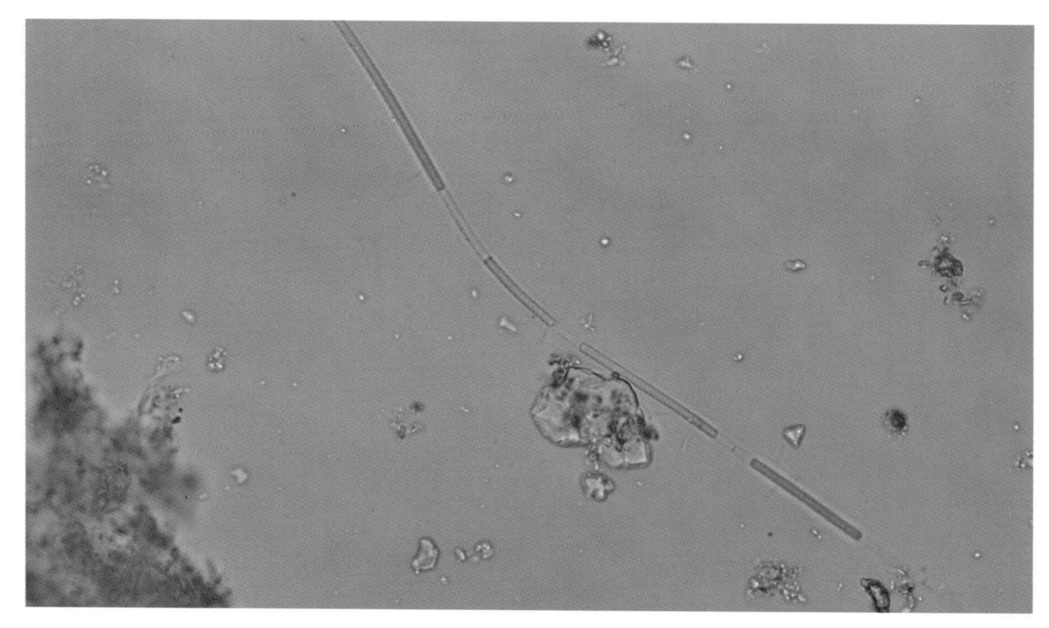

泉生鞘丝藻 *Lyngbya fontana*

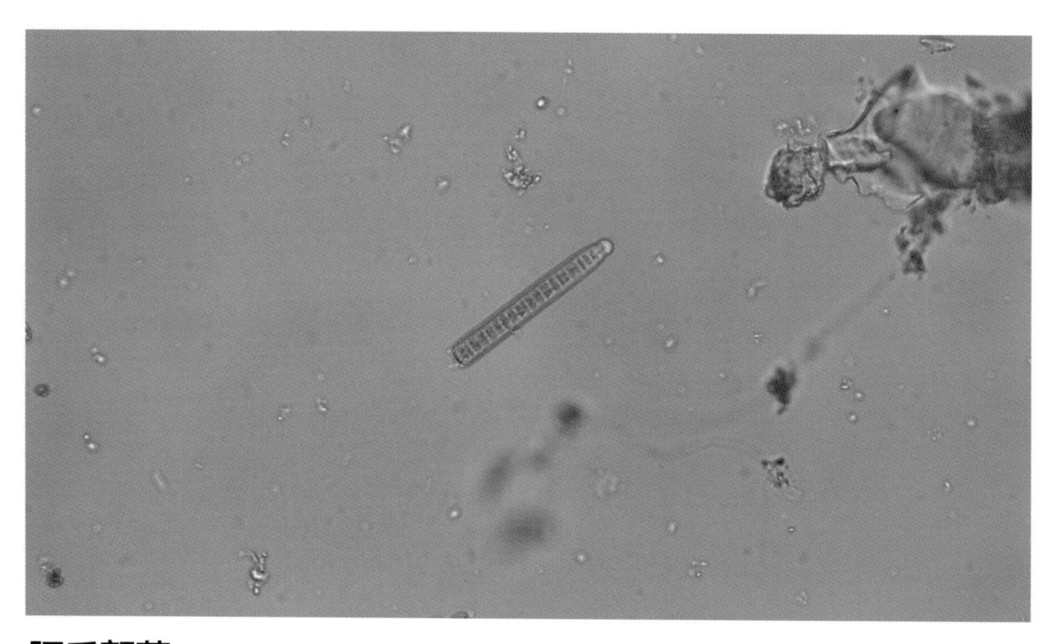

阿氏颤藻 *Oscillatoria agardhii*

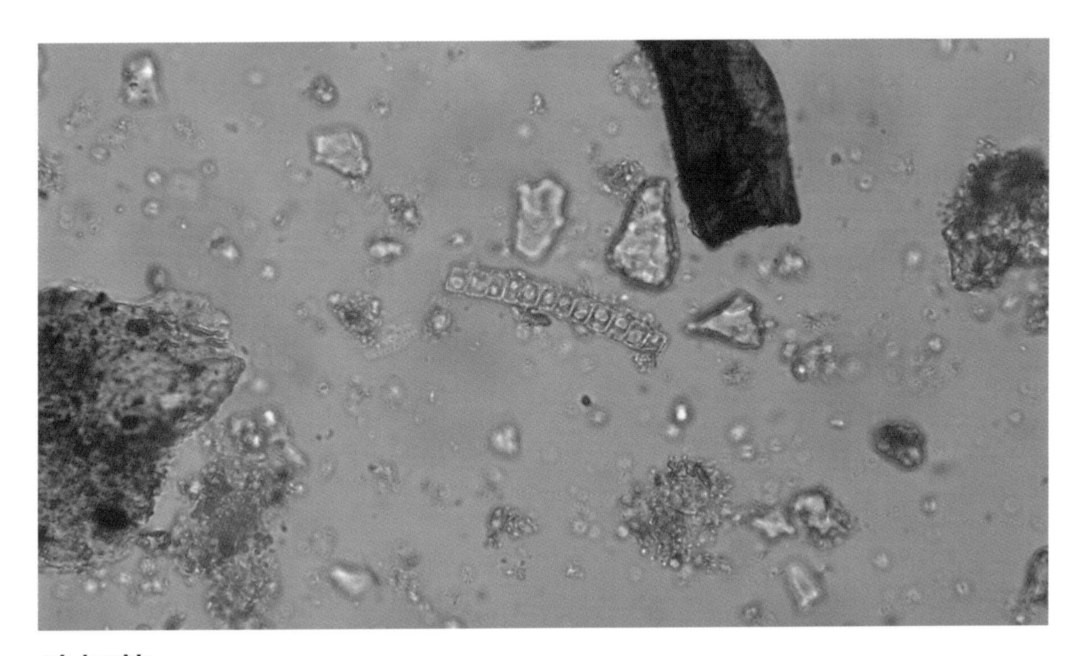

脆杆藻 *Fragilaria* sp.

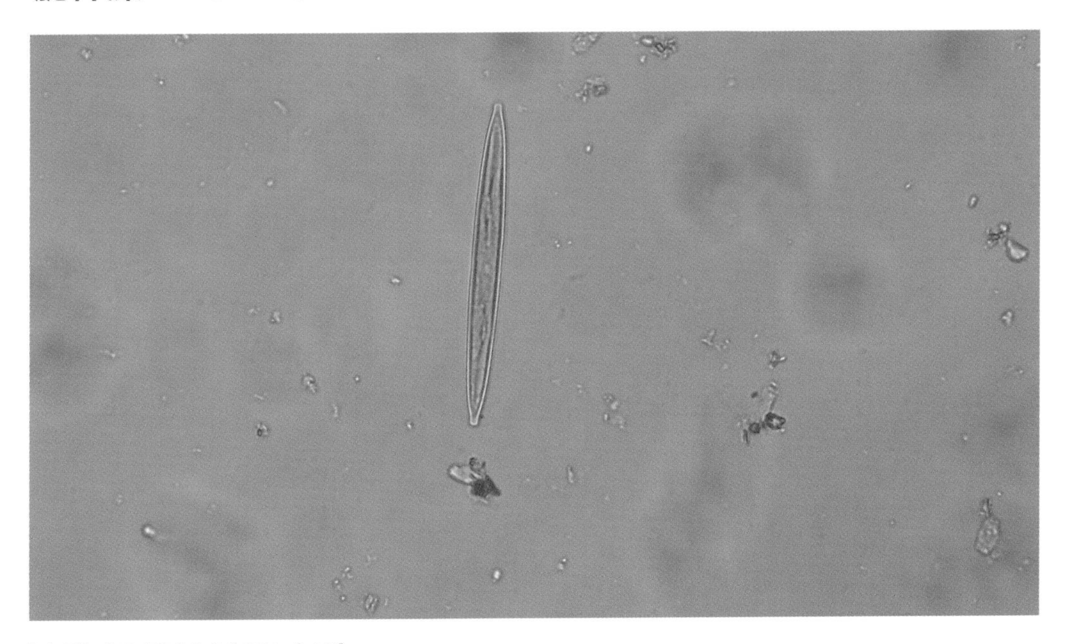

钝脆杆藻披针形变种 *Fragilaria capucina var. lanceolata*

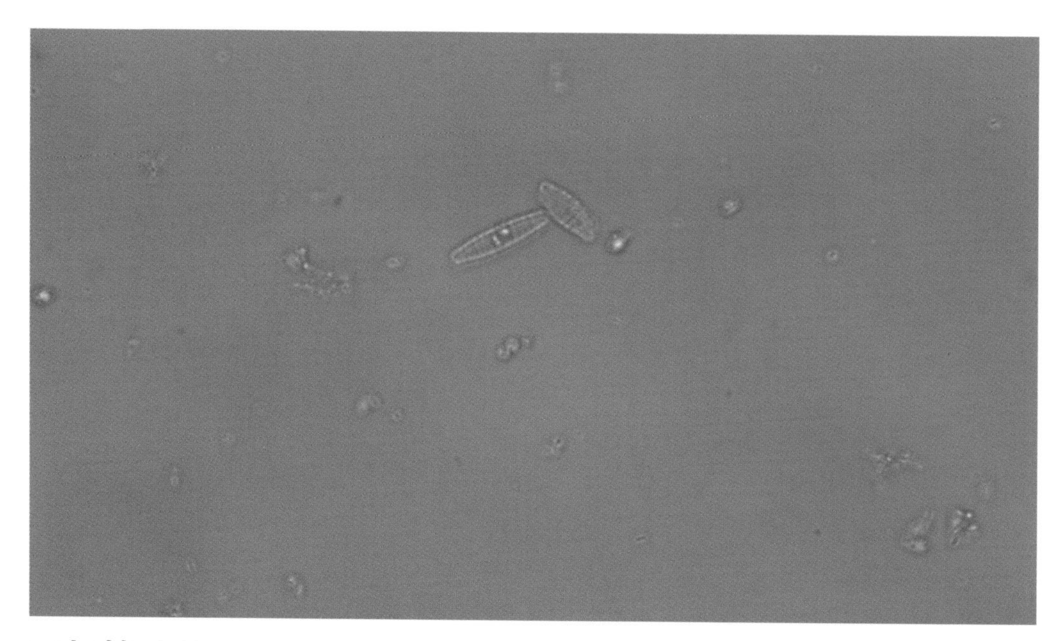

延长等片藻 *Diatoma elongatum*

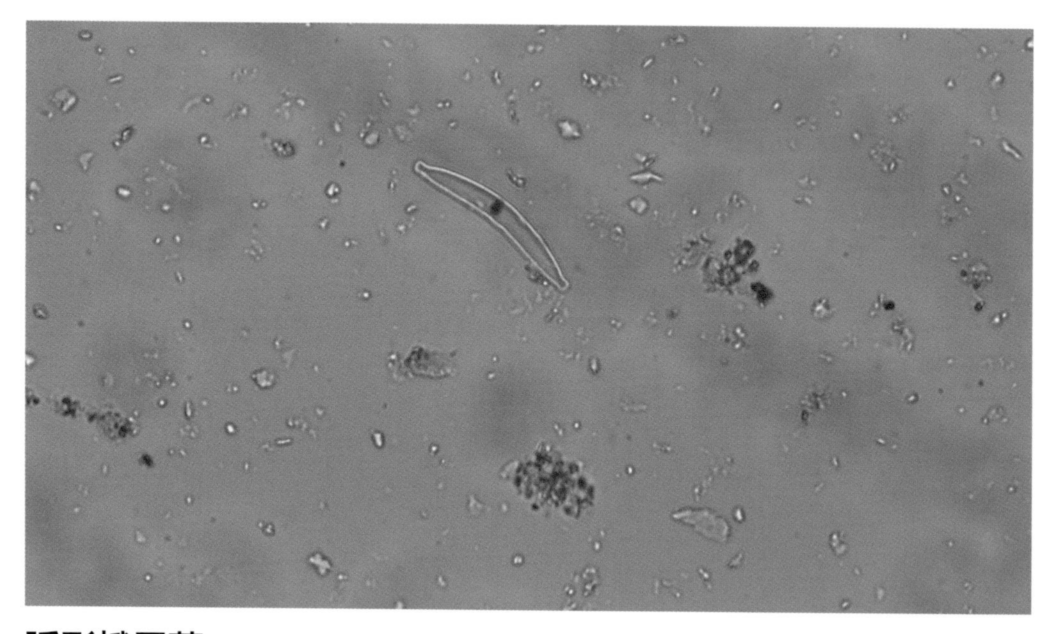

弧形蛾眉藻 *Ceratoneis arcus*

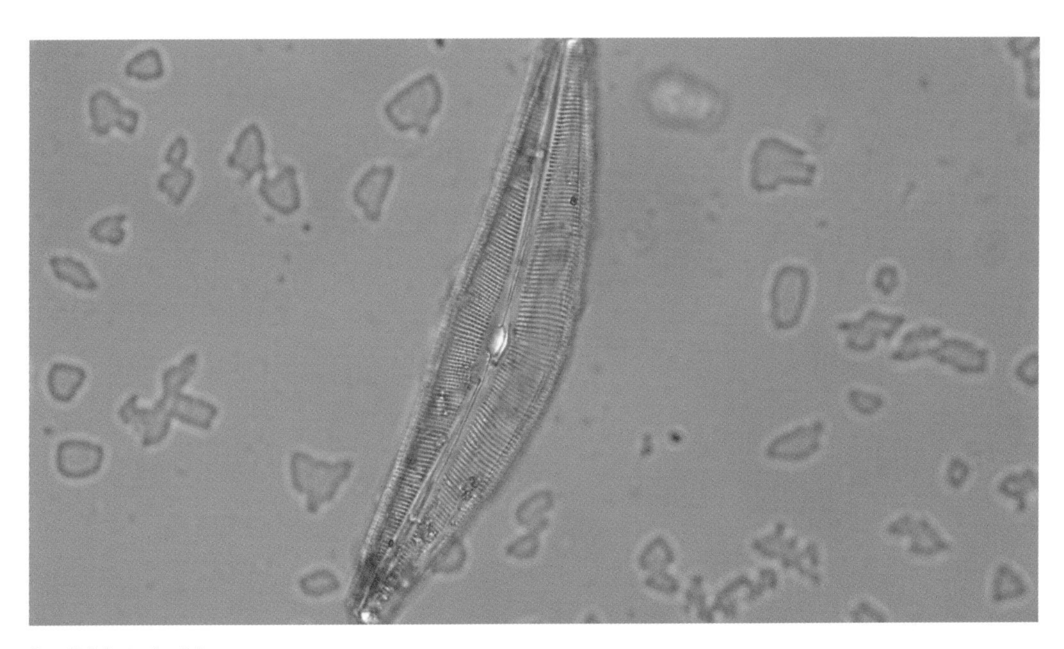

粗糙桥弯藻 *Cymbella aspera*

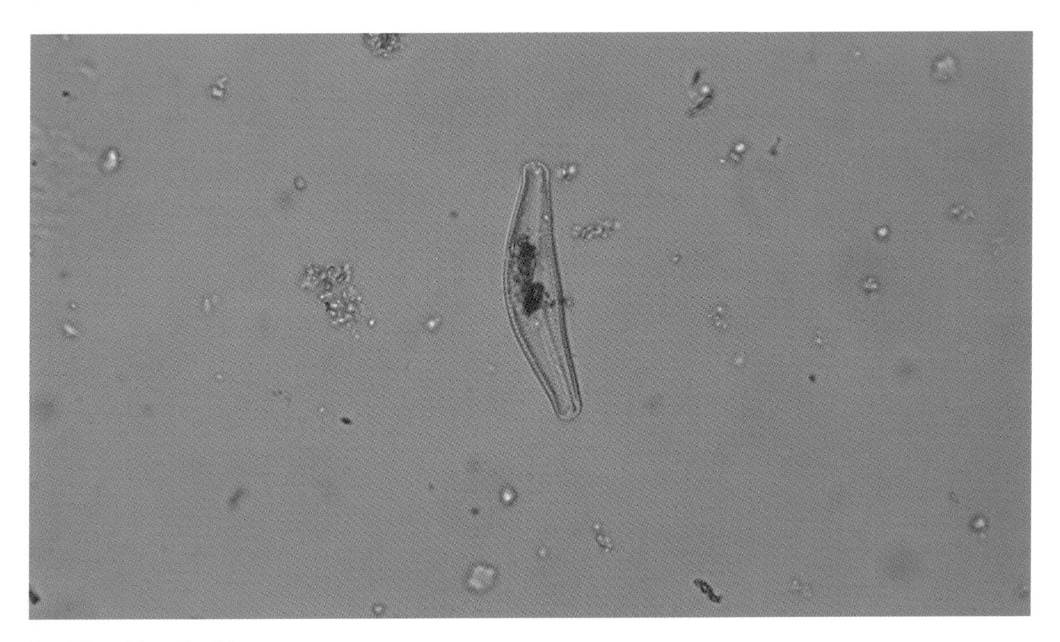

新箱形桥弯藻 *Cymbella neocistula*

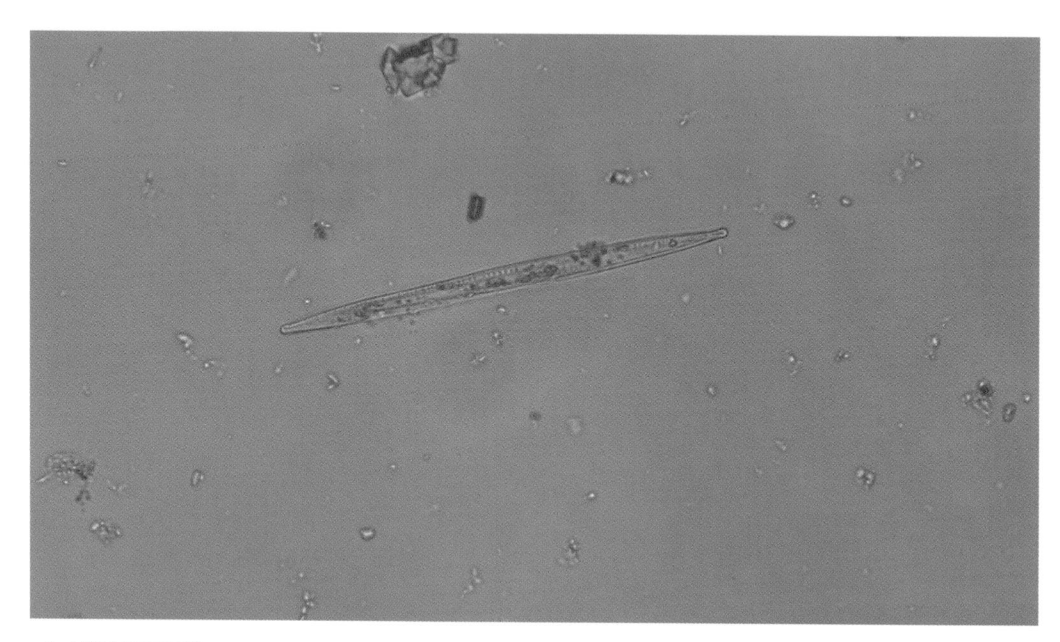

尖端菱形藻 *Nitzschia acula*

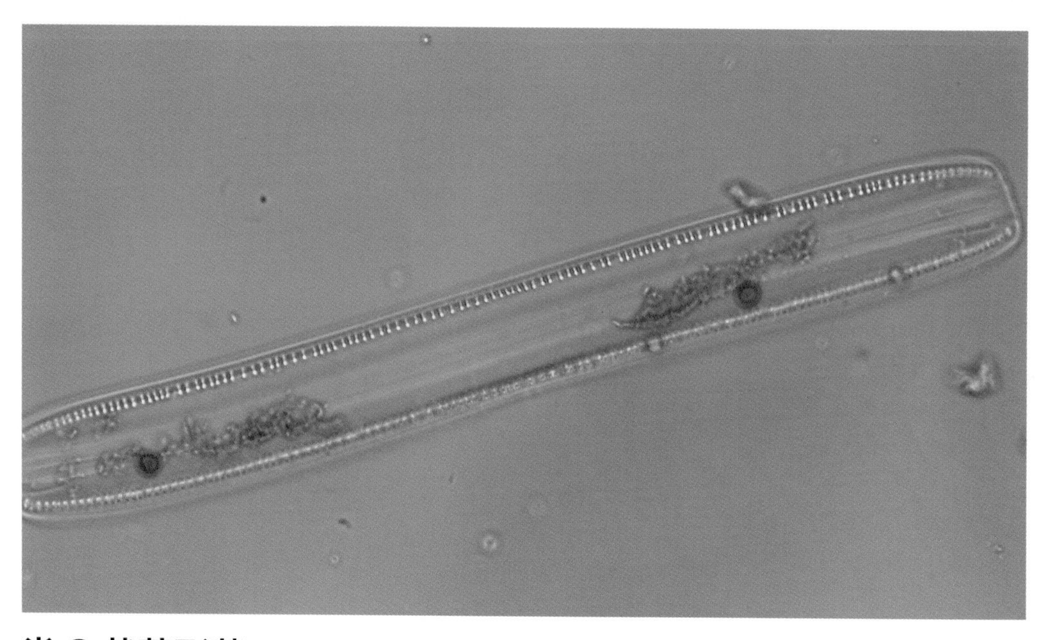

类 S 状菱形藻 *Nitzschia sigmoidea*

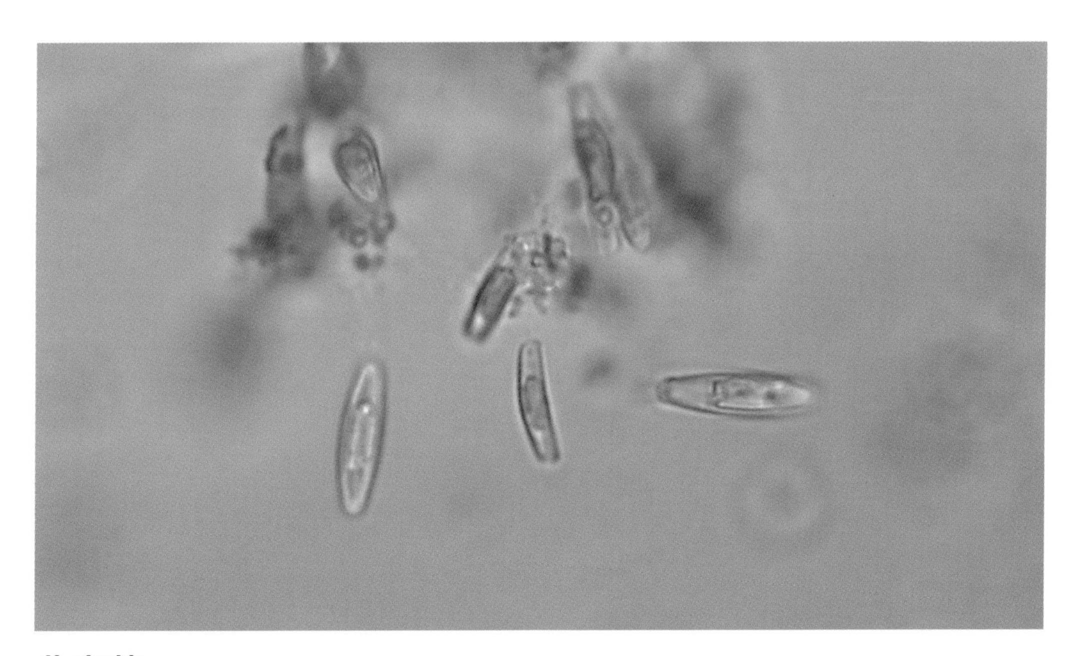

曲壳藻 *Achnanthes* sp.

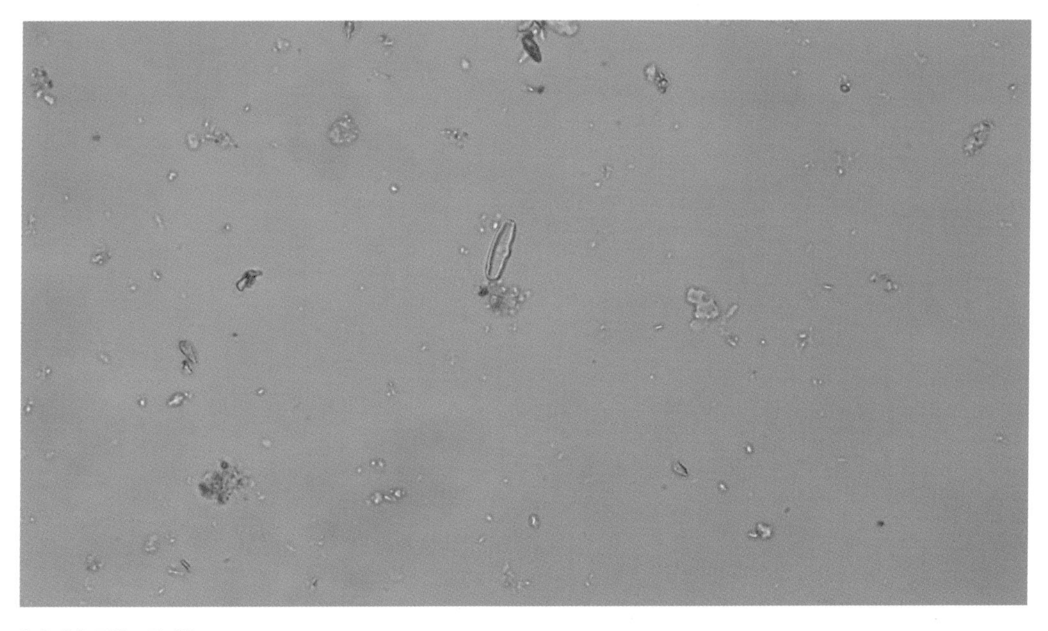

波状瑞氏藻 *Reimeria sinuata*

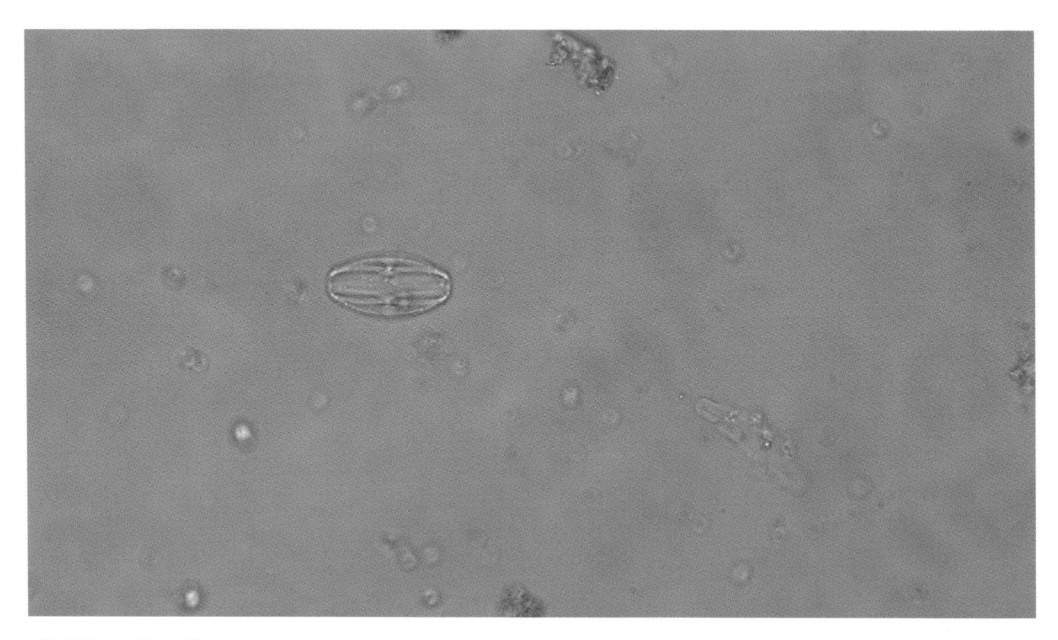

卵圆双眉藻 *Amphora ovalis*

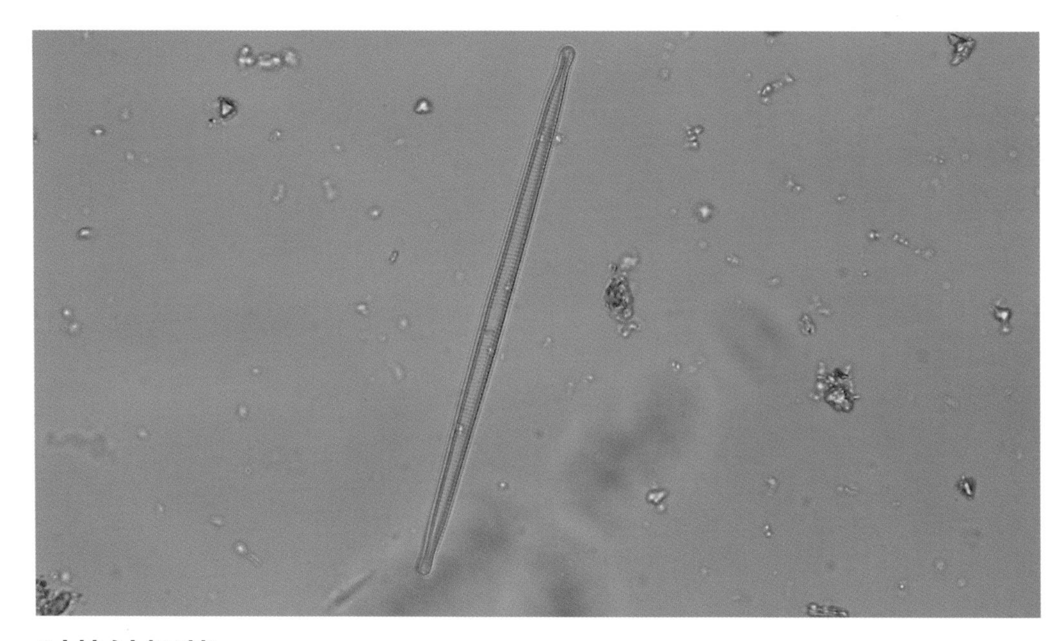

肘状针杆藻 *Synedra ulna*

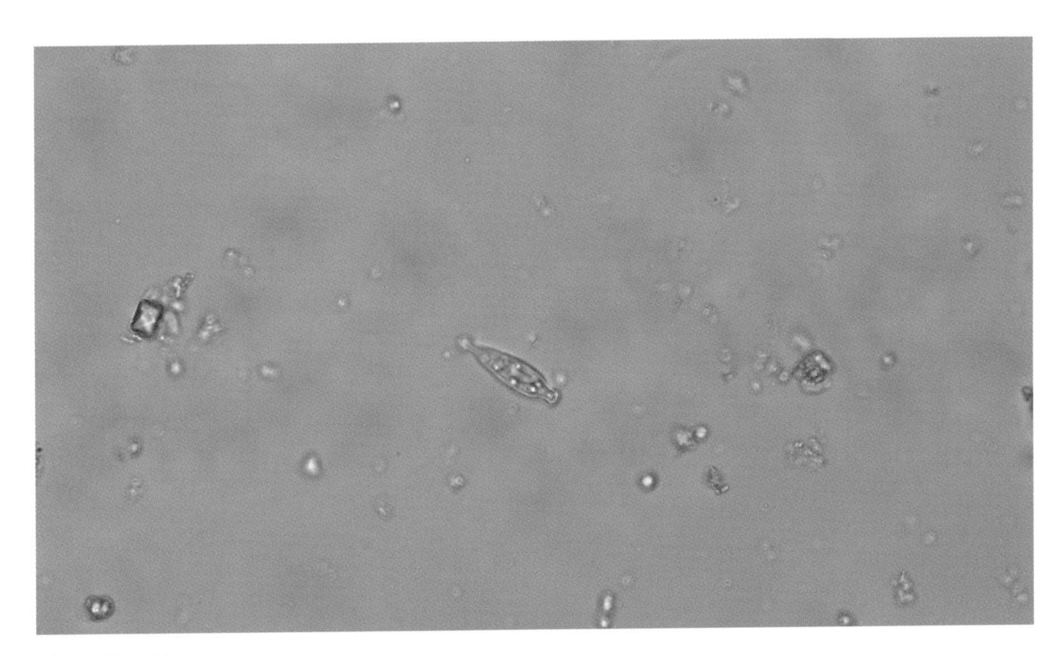

窄异极藻 *Gomphonema angustatum*

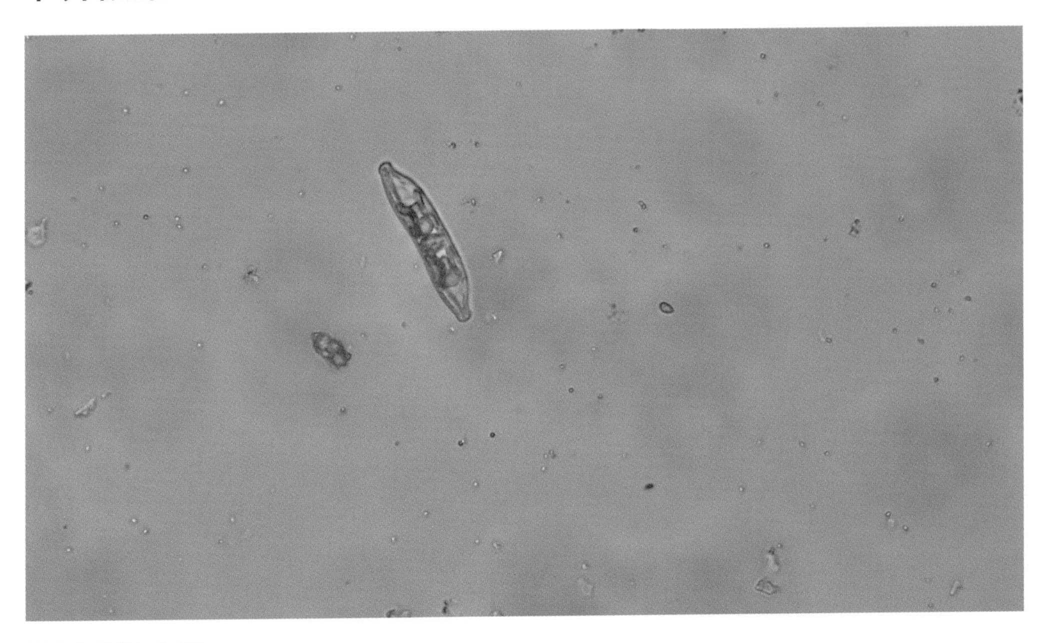

两尖菱板藻 *Hantzschia amphioxys*

图书在版编目（CIP）数据

色达县野生动物图集 / 杨创明编著. -- 成都 : 四川大学出版社, 2024. 11. --（生物多样性研究丛书）.

ISBN 978-7-5690-7460-4

Ⅰ. Q958.527.14-64

中国国家版本馆 CIP 数据核字第 2025BP7322 号

书　　名：色达县野生动物图集
　　　　　Seda Xian Yesheng Dongwu Tuji

编　　著：杨创明

丛 书 名：生物多样性研究丛书

丛书策划：蒋　玙

选题策划：蒋　玙

责任编辑：蒋　玙

责任校对：胡晓燕

装帧设计：墨创文化

责任印制：李金兰

出版发行：四川大学出版社有限责任公司

　　　　　地址：成都市一环路南一段 24 号（610065）

　　　　　电话：（028）85408311（发行部）、85400276（总编室）

　　　　　电子邮箱：scupress@vip.163.com

　　　　　网址：https://press.scu.edu.cn

印前制作：成都墨之创文化传播有限公司

印刷装订：成都金阳印务有限责任公司

成品尺寸：185mm×220mm

印　　张：7

字　　数：69 千字

版　　次：2025 年 1 月 第 1 版

印　　次：2025 年 1 月 第 1 次印刷

定　　价：72.00 元

本社图书如有印装质量问题，请联系发行部调换

扫码获取数字资源

四川大学出版社
微信公众号